快 捷

崔文馨 著

电烤箱食谱

浙江科学技术出版社

图书在版编目（CIP）数据

快捷电烤箱食谱 / 崔文馨著 .—杭州 : 浙江科学技术
出版社 , 2017.6
　ISBN 978-7-5341-7513-8

　Ⅰ.①快… Ⅱ.①崔… Ⅲ.①电烤箱—食谱 Ⅳ.① TS
972.129.2

中国版本图书馆 CIP 数据核字 (2017) 第 061153 号

书　　名	快捷电烤箱食谱	
作　　者	崔文馨	

出 版 发 行　浙江科学技术出版社
　　　　　　杭州市体育场路347号　　邮政编码：310006
　　　　　　办公室电话：0571-85176593
　　　　　　销售部电话：0571-85062597　0571-85058048
　　　　　　E-mail：zkpress@zkpress.com

排　　版	广东炎焯文化发展有限公司			
印　　刷	杭州锦绣彩印有限公司			
经　　销	全国各地新华书店			
开　　本	787×1092　1/16	印　张	9	
字　　数	100 000			
版　　次	2017年6月第1版	印　次	2017年6月第1次印刷	
书　　号	ISBN 978-7-5341-7513-8	定　价	36.00元	

版权所有　翻印必究

（图书出现倒装、缺页等印装质量问题，本社负责调换）

责任编辑　王巧玲　仝　林　**责任美编**　金　晖
责任校对　杜宇洁　　　　　**责任印务**　田　文

前 言

Preface

　　有人认为使用电烤箱制作食物很复杂，其实并非如此。它让人省力又省心，并且非常快捷方便，尤其适合工作繁忙的人。 现在人们越来越青睐无烟厨房，电烤箱正是无烟厨房的必备之物。使用电烤箱烘烤食物不需要煎炒烹炸，没有油烟，这是年轻人喜欢的原因之一。此外，用电烤箱制作食物还容易掌握好火候。

　　本书《快捷电烤箱食谱》按照食物种类分类，涵盖范围广，为您详细解读面包、蛋糕、饼干曲奇、蛋挞和烧烤的做法。每个品种都把烘焙温度和烘烤时间单独列出，让您轻松掌握其中的制作要点。本书内容翔实，设计新颖，是一本实用性与艺术性兼备的食谱。希望它能将烘烤的乐趣带给每一个人，为大家的生活增添更多的温馨与欢乐。

Contents

目 录

Chapter 1
知识小讲堂

Chapter 2
美味面包轻松做

Chapter 3
喷香蛋糕轻松做

Chapter 4
可口饼干轻松做

Chapter *1*

知识
小讲堂

如何使用电烤箱

电烤箱预热

在烘烤任何食物前，烤箱都需先预热至指定温度才能将食物充分烘烤，这样食物才更美味。电烤箱预热一般需时约 10 分钟。若将烤箱预热空烤太久，则可能会影响烤箱的使用寿命。

烘烤高度

用烤箱烤食物，大多在预热后把食物放进去就可以了。如果食谱上未特别注明上下火温度，将烤盘置于中层即可。若上火温度高而下火温度低，除非烤箱的上下火可单独调温，否则通常都是将上下火的温度相加除以二，然后将烤盘置于上层即可，但烘烤过程中仍需随时留意表面是否过焦。

食物过焦时的处理

体积较小的烤箱较容易发生过焦的现象，因此可以在食物上盖一层锡纸，或稍打开烤箱门散热一下；体积大的烤箱因空间足够且能控温，除非炉温过高、离上火太近或烤得太久，一般较少有烤焦的现象发生。

特别注意

在开始使用烤箱时，应先将温度、上火、下火以及上下火调整好，然后顺时针方向拧动时间旋钮，注意千万不要逆时针方向拧，因为此时电源指示灯发亮，证明烤箱在工作状态。在使用过程中，假如我们设定 30 分钟烤食物，而通过观察，20 分钟食物就烤好了，这个时候不要逆时针拧时间旋钮，只要把三个旋钮中间的火位档调整到关闭就可以了，这样可以延长烤箱的使用寿命。

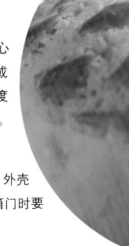

炉温不均时的处理

烤箱虽可控温，但是在烘焙时仍要小心注意炉温的变化，适时将食物换边、移位或者降温，以免蛋糕或面包等两侧膨胀、高度不均，或者有的过熟，有的未熟等情形发生。

避免烫伤

正在加热中的烤箱除了内部温度较高，外壳以及玻璃门也很烫，所以在开启或关闭烤箱门时要小心，以免被玻璃门烫伤。

电烤箱如何保洁

预防沾污

在烘烤一些容易喷溅油汁的食物时，可先将电烤箱四周内壁铺上一层锡纸（不能包住或挡住加热管），烘烤后取下锡纸即可。

拔除电源

清洁之前，先将电源插头拔掉，待电烤箱降温后再清理，以免发生触电或烫伤等意外。

清洁电烤箱的外部

电烤箱外侧（含玻璃门）可先喷上厨房清洁剂，稍待片刻后再用干燥的抹布擦拭干净。

清洁电烤箱的内部

1. 用余热：油垢在温热状态下较易清除，所以可以趁电烤箱还有余温时（不烫手）用干抹布擦拭，也可以在烤盘上加水，以中温加热数分钟后使烤箱内部充满温热水汽，再擦拭时可轻松去除油垢。

2. 利用清洁剂：烤箱内部难以去除的油垢，可用抹布沾少许中性清洁剂来擦拭，需注意的是，抹布不可湿或滴水，以免电烤箱出现故障。

3. 利用醋水、柠檬水：抹布沾上醋水（水＋白醋）或柠檬水来擦拭，也可去除油垢；醋水或柠檬水中加入盐，清洁效果更佳。

4. 利用面粉：当电烤箱内有较大面积的未干油渍时，可以先撒面粉吸油，再予以擦拭清理，这样效果较佳。

5. 电热管的保养：烘烤中若有食物汤汁滴在电热管上，会产生油烟并烧焦黏附在电热管上，因此必须在冷却后小心刮除干净，以免影响电热管效能。

6. 切勿使用钢刷：要去除黏附在烤盘或网架上的焦黑残渣，可先将烤盘或网架浸泡在加了中性清洁剂的温水中，约30分钟后再用海绵或抹布轻轻刷洗，切忌使用钢刷，以免刮伤后生锈。洗后应立即用干燥抹布擦净。

7. 除异味：若烤箱内残留油烟味，放入咖啡渣加热数分钟后即可去除异味。

主要工具介绍

（一）电子秤、量勺
在制作西点时，用来称量材料的工具，使用量勺
称量时，最好用筷子刮平表面，分量才准确。

（二）打蛋器
电动打蛋器：最省力、方便的打蛋器，使用方法也很简单。
打发全蛋及鲜奶油时，必须使用的工具。
手动打蛋器：最常用的搅拌工具，任何材料都可以搅拌。

（三）筛网
用来筛面粉的细网，低筋面粉易结块，在每次制作西点时，都需要
先将面粉过筛。

（四）橡皮刮刀
橡皮刮刀可以轻松刮下黏稠的材料。

（五）各式模具
用来制作蛋糕、饼干、面包的必备工具。

（六）擀面杖
制作西点时必备的工具，以木质结实、表面光滑为最佳。

（七）裱花袋和花嘴
用来挤各种奶油花之用。

（八）各式刀具
抹刀——用于装饰涂抹奶油，还可以用于帮助脱模。
牙刀——用于切割带弹性的点心，如面包。
平口刀——用于切割较嫩滑的点心，如芝士蛋糕、慕斯蛋糕，
可以使切口平滑。

（九）轮刀
用来切割比萨、饼皮的工具。

（十）毛刷
用来涂抹蛋液、果胶的工具，羊毛刷最佳。

量勺

手动打蛋器

橡皮刮刀

擀面杖

裱花袋和花嘴

轮刀

毛刷

电动打蛋器

筛网

各式模具

电子秤

各式刀具

主要材料介绍

（一）鸡蛋：蛋糕要用鸡蛋，鸡蛋不仅可让食品的口感更佳，而且通过与干性材料的混合，搅拌时充入气体，起到了膨大的作用。

（二）面粉：面粉是制作面包、西点的主要材料。一般常用到的面粉，依麸质的含量可分为高筋、中筋、低筋三种。高筋面粉大多是用来做面包，中国人也拿来做油条；中筋面粉则制作中式点心时用得最多，包子、馒头、面条、水饺都可以做；低筋面粉就是做蛋糕、小西点等松软食品的主要材料。

（三）玉米淀粉：又称为粟粉，可以使蛋糕组织更细腻柔软，玉米淀粉完全没有"筋"，所以加入玉米淀粉可以降低面粉的筋度。

（四）砂糖、糖粉：糖不仅是蛋糕甜味的一部分，也是构成组织的一部分，能帮助全蛋或蛋白形成浓稠而持久的泡沫。制作饼干时，用白砂糖制作的产品比较脆，而用糖粉制作的较松软。

（五）油脂：油脂有液体及固体两种形态。做海绵蛋糕或分蛋蛋糕时用的是液体油，以便能融入面糊中拌匀，一般选用没有太大香味的色拉油或玉米油。做饼干、面包之类则一般选择固体油，如黄油、酥油等，可令面包柔软光亮，西点更加香酥可口。

（六）膨大剂：蛋糕除了利用蛋或奶油搅打后包容的气体使它在烘烤时膨胀外，还可以添加会产生气体的膨大剂以补充空气之不足，这样蛋糕自然更膨松，体积更大。这可说是一种廉价而方便的方法，只不过膨大剂须依据食谱指示添加，如果用太多会有异味，甚至影响蛋糕的质地。常见的膨大剂有：泡打粉、酵母、蛋糕油、小苏打以及臭粉。

（七）牛奶：牛奶可以使用鲜奶，也可以用奶粉冲泡，烘焙使用的奶粉最好选择高温奶粉，因为在高温烘烤下，普通的奶粉会流失奶香味。

（八）各式果酱：制作西点馅料和夹心的必备材料。

（九）香料：常用的香料有香草、柠檬和柳橙汁或皮末，以及酒类如朗姆酒、君度酒、咖啡酒等。另外，也可以增加适量的盐，可以使蛋糕较不甜腻，增添风味。

（十）各式装饰粉末：巧克力粉、绿茶粉等，在制作西点时应用广泛，可以调出各种口味。

Chapter 2

美味面包轻松做

基本面剂的制作

原料： 高筋面粉 500 克，白糖 100 克，鸡蛋 2 个，酵母 7 克，水 200 毫升，黄油 200 克，盐适量。

🍳 美味创作

1. 将高筋面粉开窝，将白糖和酵母、盐、鸡蛋放在中间。
2. 加进水开始揉搓。
3. 加入面粉揉搓成面剂。
4. 加入黄油。
5. 揉搓面剂至光滑起筋膜。
6. 盖上毛巾发酵约 30 分钟。
7. 揉成表面光滑的面剂。
8. 使用之前，再用压面机压顺滑面剂。

松酥类面包面剂制作

原料： 高筋面粉 850 克，低筋面粉 275 克，砂糖 135 克，鸡蛋 100 克，奶粉 20 克，酵母 13 克，水 600 毫升，改良剂 3 克，盐 16 克，奶油 100 克。

🍴 美味创作

1. 将砂糖、水、鸡蛋混合拌至砂糖融化。

2. 加入高筋面粉、低筋面粉、奶粉、酵母、改良剂慢速拌匀。

3. 快速搅拌 1~2 分钟，加入奶油、盐后转慢速拌匀。

4. 快速拌至面筋扩展且表面光滑。

5. 分割面剂为每个 1000 克。

6. 用手压扁成长方形，盖上保鲜膜，放托盘入冰箱冷冻至少 30 分钟。

7. 将冷冻好的面剂擀开。

8. 放上片状奶油。

9. 包入面剂。

10. 再用面槌擀开。

11. 将擀开的面皮折 3 折。

12. 轻轻擀平整，如此反复操作 3 次。

13. 用保鲜膜包好。

14. 入冰箱冷冻 30 分钟左右备用。

蓝莓排包

原料： 发酵面剂 1 个，低筋面粉 100 克，黄油 30 克，糖粉 30 克，蓝莓果酱、香蕉果酱各适量。

 烘焙温度：180℃

 时间：15 分钟

美味创作

1. 将面剂分为每个 60 克的小面剂。
2. 将面剂擀开后由上至下卷起。
3. 然后将面剂折起，搓长。
4. 重复此步骤搓完所有面剂，将折叠好的面剂并排放入烤盘，静置发酵至 2.5 倍大。
5. 发酵完成后在表面刷蛋液。
6. 在缝隙间挤上蓝莓果酱。
7. 再挤上一层香蕉果酱做装饰。
8. 黄油加面粉、糖粉做成酥粒，撒在面包上做装饰。
9. 烤箱预热后，放入烤箱烘烤，熟透即可。

小贴士： 面剂的搅拌要适度，不可过度搅拌，否则会破坏面剂中的面筋组织，这样烤出的面包会又扁又小。

椰槟包

原料：发酵面剂 1 个，椰丝 100 克，黄油 80 克，白糖 50 克，鸡蛋 1 个。

 烘焙温度：180℃

 时间：15 分钟

 小贴士: 面剂排气后,要静置松弛 15 分钟,再分成小面剂进行包馅,这样面剂会好操作些。

美味创作

1. 将面剂分成每个 60 克的小面剂。
2. 将小面剂搓圆。
3. 将椰丝、黄油、白糖混合搅拌均匀,制成馅料。
4. 将搅拌均匀的馅料包入面剂中。
5. 将面剂擀开后由上至下卷起。
6. 然后对折,在中间切口。
7. 模具放入纸杯后再放入面剂。
8. 将面剂静置发酵到 2.5 倍后,放入预热后的烤箱中烘烤,熟透即可。

1

2

3

4

5

6

7

8

台式菠萝包

烘焙温度：180℃　时间：15分钟

原料：发酵面剂1个，酥油75克，白糖37克，鸡蛋10克，低筋面粉200克。

美味创作

1. 将发酵面剂分成每个60克的小面剂，搓圆。
2. 将酥油、白糖、鸡蛋、低筋面粉混合搅拌，制成酥皮。
3. 取约23克酥皮，将面剂置于酥皮上。
4. 捏制到酥皮包住面剂。
5. 将面剂静置，发酵到原体积的2.5倍大。
6. 烤箱预热后，放入烤箱烘烤，熟透即可。

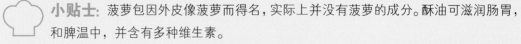

小贴士：菠萝包因外皮像菠萝而得名，实际上并没有菠萝的成分。酥油可滋润肠胃，和脾温中，并含有多种维生素。

墨西哥包

原料： 发酵面剂 1 个，清水适量。

 烘焙温度：200℃

 时间：25 分钟

美味创作

1. 将发酵好的面剂分为每个 150 克的小面剂。
2. 将面剂捏成方形，从上至下卷起成圆条，捏紧收口，再次发酵 30 分钟。
3. 翻搅完成后用手按压面剂排气。
4. 再将面剂捏成长条形。
5. 再次发酵 20 分钟，发酵完成后用刀在表面斜划几刀。
6. 烤箱预热后，放入烤箱烘烤，熟透即可。

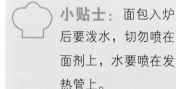 **小贴士：** 面包入炉后要泼水，切勿喷在面剂上，水要喷在发热管上。

法式蒜蓉片

原料： 法棍 1 个，黄油 50 克，蒜蓉粒 30 克，青椒粒 20 克，盐 1 克，鸡精 1 克。

 烘焙温度：200℃　　 时间：10 分钟

美味创作

1. 将法棍切片。
2. 将黄油、蒜蓉、青椒粒、盐、鸡精混合搅拌均匀。
3. 将搅拌好的馅料涂抹在切片的面包上。
4. 烤箱预热后，放入烤箱烤至金黄即可。

 小贴士： 可按自己口味来放盐，微带咸味即可。蒜香浓郁、焦香酥脆、口味独特，制作也非常方便。

香葱肉松卷

原料：发酵面剂 1 个，鸡蛋 2 个，葱花、火腿丁、白芝麻、沙拉酱、肉松各适量。

 烘焙温度：上火 200℃、下火 150℃   时间：15 分钟

美味创作

1. 将发酵面剂分为每个60克的小面剂,滚圆松弛15分钟。

2. 把松弛好的面剂用擀面棍擀开成长方形。

3. 把擀薄成长方形的面皮摆入烤盘内,用剪刀(或竹签)在上面打孔,再放入发酵箱内发酵90分钟。

4. 把发酵好的面皮取出,表面刷上鸡蛋液。

5. 在表面撒上预先准备好的葱花和火腿丁。

6. 撒上白芝麻,在边上挤上沙拉酱,入炉烘烤15分钟,熟透后出炉。

7. 把烤熟的半成品取出,在背面刷上沙拉酱。

8. 再由外向内卷起,用牙刀切成六等份。

9. 在侧面刷上沙拉酱,粘上肉松即可。

小贴士:烘焙的时间不要过长,以免蛋糕体烤干,卷的时候容易开裂,烤至表面呈现淡淡的烘焙色即可。

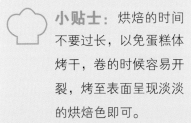

毛毛虫包

原料：发酵面剂 1 个，水 100 克，色拉油 50 毫升，黄油 50 克，高筋面粉 50 克，鸡蛋 2 个。

美味创作

1. 将发酵面剂分为每个 60 克的小面剂。
2. 把面剂擀开。
3. 面剂由上至下卷起。
4. 将面剂静置发酵到原来的 2.5 倍大。
5. 把水、色拉油、黄油、面粉、鸡蛋混合搅拌成馅料。
6. 将馅料装入裱花袋，均匀挤在面包上。
7. 烤箱预热后，将面包放入烤箱烘烤，熟透即可。

烘焙温度：180℃

时间：15 分钟

小贴士：可以根据自己的喜好挤上果酱或奶油。

烘焙温度：180℃　　时间：15分钟

火腿玉米包

原料： 发酵面剂 1 个，火腿、玉米粒、沙拉酱各适量。

🍳 美味创作

1. 将发酵面剂分为每个 60 克的小面剂。
2. 把面剂擀平。
3. 将火腿切片后，放在面剂上，然后将面剂卷起来。
4. 面剂对折后，从中间切一刀（不要切断），放入模具。
5. 面剂静置发酵至原来的 2 倍大后，在面包表面刷一层蛋液。
6. 撒上玉米粒，挤上沙拉酱。
7. 烤箱预热后，放入烤箱烘烤，熟透即可。

 小贴士： 玉米含蛋白质、脂肪、淀粉、钙、磷、铁、维生素 B_1、维生素 B_2、维生素 B_6、烟酸、泛酸、胡萝卜素、槲皮素等营养成分。

红豆酥皮包

原料： 发酵面剂 1 个，低筋面粉 75 克，黄油 40 克，白糖 60 克，鸡蛋 10 克，吉士粉 5 克，泡打粉 1 克，臭粉 1 克，麦芽糖 7 克，红豆馅适量。

 烘焙温度：180℃

 时间：15 分钟

美味创作

1. 将发酵面剂分成每个 60 克的小面剂，包入红豆馅。
2. 将面剂搓圆，静置发酵至 2.5 倍大。
3. 将面粉、吉士粉、泡打粉混合过筛，加入黄油、臭粉揉制成酥皮。
4. 将酥皮压制成薄片。
5. 将压好的酥皮薄片盖在面剂上，表面刷一层蛋黄液。
6. 表面用牙签划出花纹。
7. 烤箱预热后，放入烤箱烘烤，熟透即可。

小贴士： 红豆含有蛋白质、脂肪、碳水化合物、B 族维生素、钾、铁、磷等多种营养成分。

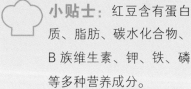

西班牙蔬菜包

原料： （1）高筋面粉 1000 克，白糖 150 克，酵母粉 15 克，改良剂 5 克，盐 20 克，鸡蛋 2 个。

（2）胡萝卜丝 500 克，酥油 100 克。

（3）提子干 200 克。

（4）鸡蛋液、西班牙酱各适量。

 烘焙温度：上火 200℃、下火 140℃　　 时间：12 分钟

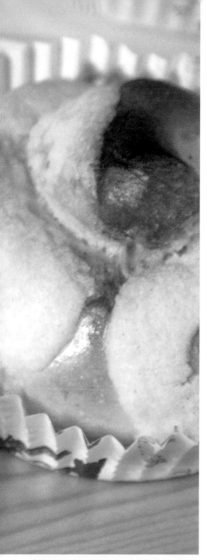

美味创作

1. 先将原料（1）依次加入搅拌机内，搅拌均匀。

2. 加入原料（2）搅拌均匀。

3. 加入原料（3）直至搅拌成面剂。

4. 然后取每个 60 克的面剂松弛 15 分钟。

5. 把松弛好的面剂用手掌压平，展开成面皮，由上而下卷入，捏紧收口成面条状，再把面条的一端用手固定，另一只手拿住面条的另一端旋转扭一圈成型。

6. 把造型好的半成品放入模具内，摆入烤盘内，放入发酵箱发酵 90 分钟。

7. 把发酵好的半成品取出，表面刷上鸡蛋液，挤上西班牙酱，入炉烘烤，熟透即可。

小贴士：西班牙酱无须挤得过满。

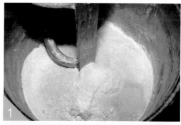

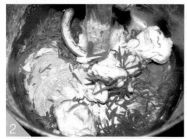

蝴蝶椰香包

原料： 发酵面剂1个，椰丝馅、沙拉酱各适量。

🍳 美味创作

1. 将发酵面剂分为每个60克的小面剂，滚圆松弛15分钟。

2. 把松弛好的面剂取出，用手掌压平，将椰丝馅包入中间捏紧，收口成圆形。

3. 用擀面棍擀开成椭圆形，沿中线对折。

4. 按图所示，用切刀切两刀。

5. 将其做成蝴蝶形摆入烤盘内，放入发酵箱内发酵90分钟。

6. 把发酵好的半成品取出，表面挤上沙拉酱，入烤箱烘烤，熟透即可。

烘焙温度：上火200℃、下火180℃

时间：15分钟

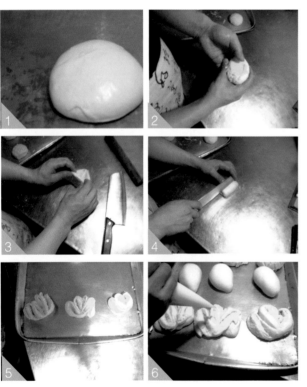

小贴士： 注意不要发酵过头，应掌握好时间。

烘焙温度：上火 215℃、
下火 175℃

时间：15 分钟

火腿肉松包

原料： 发酵面剂 1 个，肉松、鸡蛋液、火腿丝、沙拉酱各适量。

🍳 美味创作

1. 将发酵面剂分为每个 60 克的小面剂用手压扁排出里面的空气，放入肉松。
2. 卷起成橄榄形。
3. 放入发酵箱醒发 100 分钟左右（温度为 36℃，湿度为 85%）至体积为原来的 2.5 倍大。
4. 刷上鸡蛋液。
5. 在面包表面用刀划 3 个小口。
6. 放上火腿丝，挤上沙拉酱，入烤箱烘烤，熟透即可。

小贴士： 肉松是将肉除去水分后制成的细末，适宜保存，便于携带。肉松和火腿搭配可谓绝妙，熟后甘香诱人。

奶黄包

原料: 发酵面剂1个,即溶吉士粉30克,水100毫升。

烘焙温度: 180℃

时间: 15分钟

美味创作

1. 将发酵面剂分成每个60克的小面剂。
2. 即溶吉士粉和水混合搅拌,做成奶黄馅。
3. 包入奶黄馅后,将面剂由上至下卷起。
4. 将面剂静置发酵至原体积的2.5倍大。
5. 将奶黄馅装入剪口的裱花袋内,挤在发酵好的面剂上。
6. 烤箱预热后,放入烤箱烘烤即可。

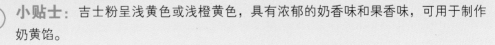

小贴士: 吉士粉呈浅黄色或浅橙黄色,具有浓郁的奶香味和果香味,可用于制作奶黄馅。

芝士香肠包

 烘焙温度：上火 210℃、下火 170℃

 时间：15 分钟

原料： 发酵面剂 1 个，香肠、鸡蛋液、沙拉酱、芝士丝各适量。

 ## 美味创作

1. 将发酵面剂分为每个 45 克的小面剂压扁排气。
2. 用手卷起成长条形，轻轻地向两边搓长，两头要细。
3. 把搓好的面剂绕在香肠上，两头捏紧。
4. 接口向下排入烤盘，静置发酵到 2.5 倍大。
5. 刷上鸡蛋液，挤上沙拉酱。
6. 撒上芝士丝，烤箱预热后，放入烤箱烘烤，熟透即可。

> **小贴士：** 欧式热狗风味。

开心果仁面包

 烘焙温度：上火 235℃、
下火 175℃

原料： 发酵面剂 1 个，开心果仁适量。

 时间：25 分钟

美味创作

1. 将发酵面剂分为每个 150 克的小面剂压扁排出里面的空气。

2. 放上开心果仁。

3. 卷起成形，捏紧收口。

4. 中间剪 2 个小口。

5. 将面剂静置发酵到原体积的 2.5 倍大。

6. 将面剂放入预热后的烤箱，烤熟即可。

 小贴士： 步骤 4 中剪时刀口要稍微深一点。

椰香餐包

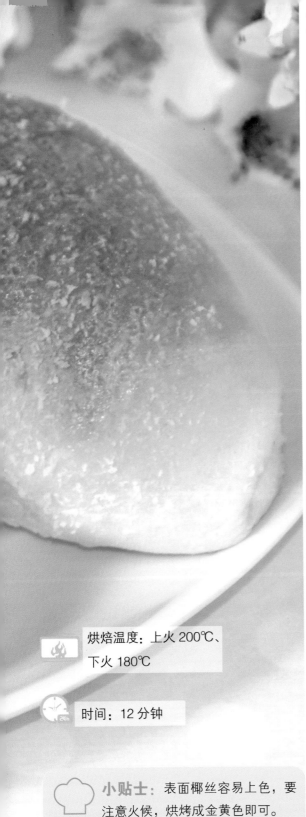

原料: 发酵面剂1个,椰丝、沙拉酱各适量。

美味创作

1. 将发酵面剂分成每个30克的小面剂,滚圆,静置发酵15分钟。
2. 将发酵好的面剂取出,压扁。
3. 由外向内卷起,卷成橄榄形。
4. 将造型好的面剂的表面蘸上椰丝。
5. 将面剂静置发酵至原体积的2.5倍大。
6. 将发酵好的面剂取出,挤上沙拉酱,放入预热后的烤箱,烤熟即可。

烘焙温度:上火200℃、下火180℃

时间:12分钟

小贴士: 表面椰丝容易上色,要注意火候,烘烤成金黄色即可。

燕麦餐包

原料：（1）高筋面粉900克，杂粮粉100克，红糖150克，盐20克，奶粉20克，蛋牛奶浆20毫升，鸡蛋2个，水550毫升，酥油100克，酵母粉10克。

（2）瓜子仁300克。

（3）燕麦片、沙拉酱各适量。

 烘焙温度：上火210℃、下火160℃　 时间：25分钟

🍳 美味创作

1. 将原料（1）依次加入搅拌机内，搅拌均匀，然后加入瓜子仁，搅拌至九成筋。

2. 转慢速搅拌1分钟，形成面剂（面剂温度28℃）。

3. 将搅拌好的面剂发酵15分钟。

4. 将面剂分成每个30克小面剂，用手掌压扁展开，将顶端边缘向内折，由上而下慢慢卷入，捏紧，收口，呈橄榄形。

5. 把造型好的面剂撒上燕麦片，摆入烤盘，静置发酵至原体积的2.5倍大。

6. 取出面剂，在表面挤上沙拉酱，放入预热后的烤箱，烤熟即可。

 小贴士：用即食燕麦片就可以了。撒麦片时，可在面剂上喷点儿清水。

玉米肠仔包

原料：发酵面剂 1 个，肠仔、鸡蛋液、玉米粒、沙拉酱各适量。

🍴 美味创作

1. 将发酵面剂分为每个 60 克的小面剂滚圆松弛 15 分钟。

2. 把松弛好的面剂取出，用擀面棍擀薄，放上肠仔，由外向内将肠仔卷入中间，捏紧收口成棍形。

3. 然后用切刀切成四等份。

4. 把切口向上，并排成四方形，摆入烤盘，放入发酵箱内发酵 90 分钟。

5. 将发酵好的半成品取出，表面刷上鸡蛋液。

6. 然后撒上玉米粒，挤上沙拉酱，入炉烘烤，熟透后出炉。

烘焙温度：上火 200℃、下火 140℃

时间：15 分钟

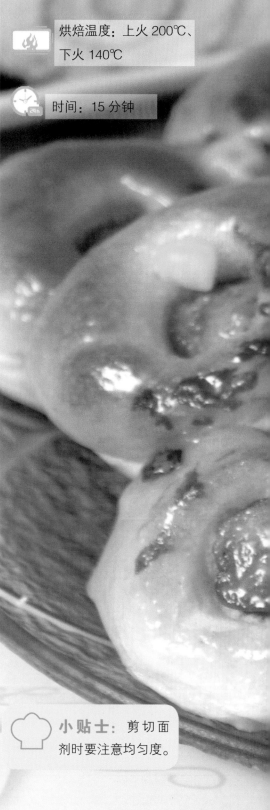

小贴士：剪切面剂时要注意均匀度。

芝士夹心面包

烘焙温度：上火 180℃、
下火 190℃

时间：18 分钟

原料：（1）发酵面剂1个，芝士粉适量。
（2）夹心馅：酥油300克，糖粉300克，
奶粉400克。

美味创作

1. 将发酵面剂分成每个70克小面剂，
用手将面剂轻轻搓圆，覆盖保鲜膜松
弛约10分钟。

2. 将松弛完成的面剂用擀面棍擀开。

3. 由上向下搓成长条形，捏紧收口。

4. 表面粘上芝士粉，排入烤盘，放入
发酵柜，以温度38℃、湿度75%作最
后发酵。

5. 待面剂发酵到原体积的2.5倍大，
放入预热后的烤箱，烘烤至熟。

6. 将全部夹心馅材料充分拌匀。

7. 待烘熟的面包冷却后从侧面切开，
在中间抹上夹心馅。

小贴士：夹心馅要搅拌至起发。

芝士咖啡棒包

烘焙温度：上火 180℃、下火 200℃　　时间：15 分钟

原料： 高筋面粉 700 克，低筋面粉 300 克，糖粉 140 克，咖啡 10 克，盐 10 克，酵母 10 克，改良剂 8 克，鸡蛋 80 克，芝士粉 30 克，奶粉 40 克，水 350 毫升，奶油 50 克。

美味创作

1. 先将糖粉、水、咖啡拌匀，然后加入鸡蛋一起拌至糖粉融化。
2. 加入高筋面粉、低筋面粉、酵母、改良剂、芝士粉、奶粉慢速搅拌匀后转快速。
3. 搅拌至面筋扩展后加入奶油、盐，慢速拌匀后转快速搅拌，至面筋完全扩展即可。
4. 面剂温度 27℃时，覆盖保鲜膜发酵约 30 分钟。
5. 将面剂分成每个 50 克小面剂，用手将面剂轻轻搓圆，覆盖保鲜膜松弛约 10 分钟。
6. 将松弛完成的面剂擀开，由上而下将面剂卷成长棍形，捏紧收口。
7. 表面粘上芝士粉，排入烤盘，放入发酵柜，以温度 38℃、湿度 75% 作最后发酵。
8. 待面剂发酵到原体积的 2.5 倍大，放入预热后的烤箱，烘烤至熟出炉。

小贴士： 表面芝士粉不宜过量。

香芋可松包

 烘焙温度：上火 200℃、下火 165℃

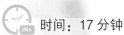 时间：17分钟

原料： 松酥类发酵面剂1个，香芋馅、鸡蛋液各适量。

美味创作

1. 将面剂擀开，擀成长方形，约0.5厘米厚。
2. 用带齿铁模印出面皮。
3. 在面皮上放上香芋馅，包成圆形，捏紧收口。
4. 用刀在上面交叉划2刀。
5. 将面剂静置发酵至原体积的2倍大。
6. 刷上鸡蛋液，放入经过预热的烤箱，烤熟后出炉。

> **小贴士：** 酥香爽口，馅味独特。

丹麦可松包

 烘焙温度：上火 200℃、
下火 160℃

 时间：17 分钟

原料： 松酥类发酵面剂 1 个，鸡蛋液、肉松、瓜子仁
各适量。

美味创作

1. 将折叠好 3 次的面剂擀开成长方形，厚度为 0.5 厘米，刷上鸡蛋液。

2. 撒上肉松。

3. 由上而下卷条状。

4. 用刀切成均匀的等份。

5. 静置发酵至原体积的 3 倍大。

6. 刷上鸡蛋液。

7. 撒上瓜子仁，放入经过预热的烤箱烘烤，烤熟即可。

 小贴士： 层层酥脆，入口爽极，瓜子的香味让人回味无穷。不要卷得太紧。

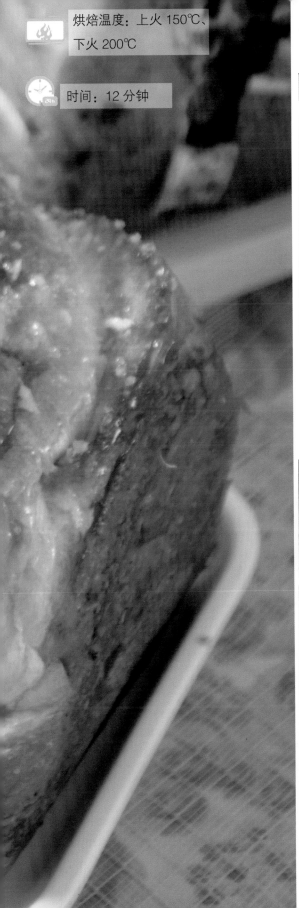

烘焙温度：上火 150℃、下火 200℃

时间：12 分钟

椰皇吐司

原料： 发酵面剂 1 个，椰丝馅适量。

美味创作

1. 将发酵面剂分成每个 350 克小面剂，滚圆，发酵 15 分钟。
2. 把醒发好的面剂取出，用擀面棍擀成长方形面皮。
3. 将椰丝馅放在面皮表面。
4. 由上而下把馅料卷入，捏紧，收口，呈长方形。
5. 表面的中间用戒刀切开一条直线，摆入烤盘，放入发酵箱内发酵 90 分钟后取出，放入经过预热的烤箱中烘烤，熟透后出炉。

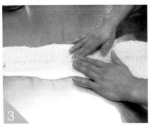

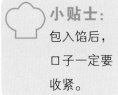
小贴士： 包入馅后，口子一定要收紧。

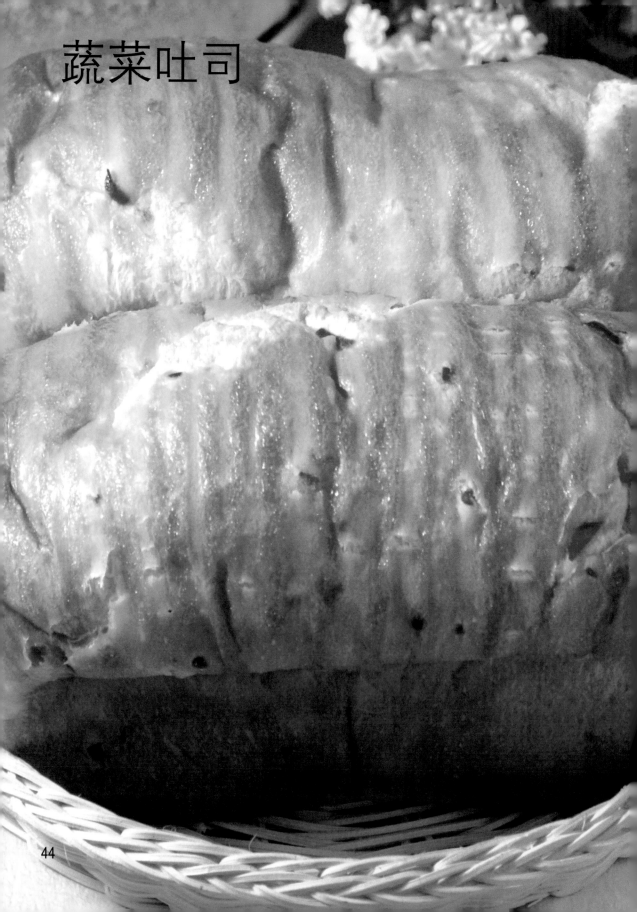

蔬菜吐司

原料：（1）高筋面粉 1000 克，白糖 150 克，酵母粉 15 克，改良剂 5 克，盐 20 克，鸡蛋 2 个。

（2）胡萝卜丝 500 克，酥油 100 克。

（3）沙拉酱适量。

 烘焙温度：150℃　　　 时间：30 分钟

🍳 美味创作

1. 将原料（1）依次加入搅拌机内，搅拌均匀。

2. 加入原料（2），搅拌均匀。

3. 直至成面剂（面剂温度 28℃），将面剂分成每个 350 克小面剂，醒发 15 分钟。

4. 把面剂用手掌压扁，用擀面棍擀成面皮。

5. 把面皮由上而下卷入，捏紧，收口，呈橄榄形。

6. 把造型好的面剂摆入烤盘内，放入箱内发酵 90 分钟。

7. 把面剂取出，表面挤上沙拉酱。

8. 入炉预热烘烤，熟透后出炉。

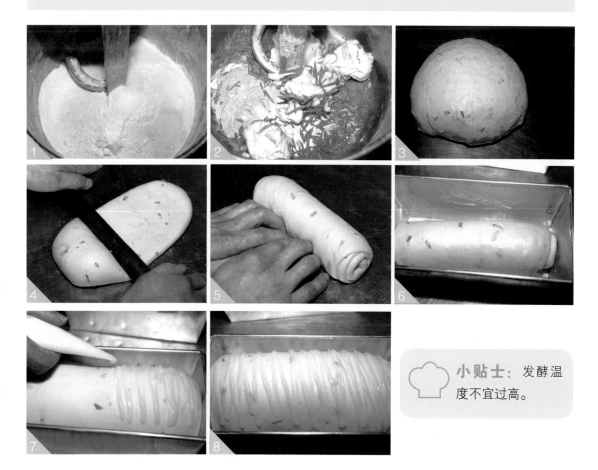

👨‍🍳 **小贴士**：发酵温度不宜过高。

45

Chapter *3*

喷香蛋糕
轻松做

香蕉奶露蛋糕

原料： 蛋黄部分：水 62 毫升，色拉油 62 毫升，白糖 18 克，低筋面粉 115 克，玉米淀粉 20 克，蛋黄 95 克。

蛋白部分：蛋白 180 克，白糖 90 克，挞挞粉 3 克。

其他：香蕉果馅、果酱、糖粒各适量。

 烘焙温度：170℃　　 时间：25 分钟

美味创作

1. 将水、色拉油、白糖混合搅拌至糖融化。

2. 蛋黄倒入，搅拌均匀。

3. 将低筋面粉、玉米淀粉混合过筛后倒入，搅拌成面糊后待用。

4. 蛋白加入挞挞粉搅打，分三次加入白糖，打至蛋白中性发泡。

5. 将三分之一的蛋白倒入面糊里，搅拌均匀后倒入剩下的蛋白，快速搅匀。

6. 取 2 个烤盘，铺上油纸，其中一个倒入少许面糊，用橡皮刮刀抹匀，剩余的面糊倒入另一个烤盘内，用橡皮刮刀抹匀，震出气泡。

7. 裱花袋装入排嘴和香蕉果馅，将香蕉果馅挤在较少面糊那盘上。

8. 烤箱预热后，分别放入烤箱烘烤。

9. 蛋糕涂上果酱，把有香蕉果馅的蛋糕片盖上，撒糖粒后切块。

 小贴士： 面剂的搅拌要适度，不可过度搅拌，否则会破坏面剂中的面筋组织，这样烤出的面包会又扁又小。

元宝蛋糕

原料： 蛋黄 75 克，水 20 毫升，蜂蜜 5 毫升，低筋面粉 50 克，白糖 8 克，色拉油 10 毫升。

蛋白部分：蛋白 225 克，白糖 75 克，挞挞粉 2 克，盐 1 克。

其他：奶油、什果各适量。

 烘焙温度：170℃　　　 时间：25 分钟

美味创作

1. 将蜂蜜、水、色拉油、白糖混合后搅拌均匀。

2. 将蛋黄倒入，搅拌均匀。

3. 再倒入低筋面粉，搅拌均匀后待用。

4. 蛋白加入挞挞粉、盐打发，分三次加入白糖，打至蛋白中性发泡。

5. 将三分之一的蛋白倒入面糊里，搅拌均匀。

6. 将搅拌后的面糊倒入剩下的蛋白里，快速搅拌。

7. 烤盘铺上高温布，将面糊倒入已剪口的裱花袋，挤在烤盘上。

8. 烤箱预热后，放入烤箱烘烤。

9. 出炉后将蛋糕对折，中间挤上奶油。

10. 放上适量什果点缀即可。

 小贴士： 也可以放沙拉酱和肉松代替奶油和水果。

椰皇条蛋糕

原料： 鸡蛋 250 克，白糖 110 克，泡打粉 2 克，，低筋面粉 125 克，蛋糕油 14 克，牛奶 25 克，色拉油 25 毫升。

装饰物部分： 椰蓉 50 克，糖粉 15 克，鸡蛋 30 克，，蓝莓果酱 15 克，黄油 14 克，即溶吉士粉 3 克。

 烘焙温度：上火 200℃，下火关闭

 时间：10 分钟

🍽 美味创作

1. 将鸡蛋、白糖混合后慢速搅拌 1 分钟。
2. 泡打粉、面粉混合过筛后慢速搅拌均匀，加入蛋糕油，用高速搅拌 1.5 分钟，再加入牛奶、色拉油慢速搅拌均匀。
3. 将烤盘铺油纸，把面糊倒入，用橡皮刮刀抹匀表面，震出气泡。
4. 将烤箱预热后，放入烤箱烘烤。
5. 出炉后将蛋糕切开。
6. 装饰物的材料混合搅匀。
7. 裱花袋剪口装入牙嘴，再装入馅料，挤在蛋糕上。
8. 再挤上蓝莓果酱，然后放入烤箱，烘烤至熟。

小贴士： 出炉后应立即切开，否则椰蓉放凉后很难切断。

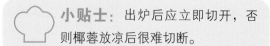

泡泡龙蛋糕

原料： 奶油 250 克，白糖 200 克，吉士粉 25 克，蛋糕粉 400 克，奶香粉 10 克，泡打粉 10 克，鸡蛋黄 400 克，蛋白 900 克，水 250 毫升，果酱、挞挞粉各适量。

烘焙温度：上火 170℃、下火 150℃

时间：50 分钟

🍴 美味创作

1. 将水、奶油、白糖拌匀。
2. 加入吉士粉、蛋糕粉、奶香粉、泡打粉拌匀。
3. 加入鸡蛋黄，拌匀成面糊，备用。
4. 把蛋白、白糖、挞挞粉快速打发，至湿性发泡。
5. 将打发好的蛋白与面糊搅拌均匀。
6. 将一半面糊放进烤盘，刮平；放进烤箱，烘烤 25 分钟。
7. 将烤好的蛋糕表面均匀涂抹果酱，卷起，备用。
8. 将剩余的面糊装入裱花袋，一个点一个点地挤在准备好的烤盘上。
9. 放进烤箱，再烘烤 25 分钟至熟。
10. 在烤好的泡泡龙蛋糕表面均匀涂抹果酱。
11. 用泡泡龙蛋糕卷起成备用的蛋糕卷。
12. 按需求分切食用即可。

👨‍🍳 **小贴士：** 用裱花袋挤出的点，要尽量均匀，这样蛋糕的表面才会更好看。

瑞士卷

原料： 蛋黄部分：水 500 毫升，食用油 250 毫升，盐 10 克，低筋面粉 600 克，泡打粉 10 克，牛奶香粉 15 克，蛋黄 500 克。

蛋白部分：蛋白 1100 克，白糖 600 克，挞挞粉 25 克。

烘焙温度：上火 170℃、下火 150℃

时间：40 分钟

🍳 美味创作

1. 将蛋黄部分原料搅拌成面糊。
2. 将蛋白部分原料打发，加入面糊中搅拌均匀。
3. 将面糊倒入烤盘抹平，表面挤上蛋黄。
4. 用竹签（或剪刀）将条纹划出纹路，入炉预热烘烤至熟。
5. 取出烤熟的蛋糕抹上奶油。
6. 将蛋糕卷起。
7. 用牙刀切成 3 厘米长的小件即可。

小贴士： 蛋黄部分面糊不要搅拌得太稠。

提子卷

原料： 蛋黄部分：水 54 毫升，色拉油 54 毫升，白糖 15 克，低筋面粉 100 克，玉米淀粉 16 克，蛋黄 85 克。

蛋白部分：蛋白 165 克，白糖 80 克，挞挞粉 2 克。

其他：提子干、果酱各适量。

 烘焙温度：170℃　　　 时间：25 分钟

美味创作

1. 将水、色拉油、白糖混合搅拌均匀。

2. 将蛋黄倒入，搅拌均匀。

3. 将低筋面粉、玉米淀粉过筛后加入，搅拌均匀后待用。

4. 将蛋白加入挞挞粉搅打，分三次加入白糖，打至蛋白中性发泡。

5. 将三分之一的蛋白倒入面糊里，搅拌均匀后倒入剩下的蛋白里快速搅匀。

6. 提子干用少许面糊拌匀，再撒在铺了油纸的烤盘上。

7. 将面糊倒在烤盘上，用橡皮刮刀轻轻抹匀，震出气泡。

8. 烤箱预热后，放入烤箱烘烤至表面金黄。

9. 出炉放凉后，表面涂上果酱；用擀面杖辅助卷起蛋糕，静置定型。

10. 定型后切成自己喜欢的大小即可。

 小贴士： 也可以放奶油和肉松代替水果和果酱。

云石芝士蛋糕

原料： 奶油芝士250克，糖粉75克，鸡蛋100克，无盐黄油25克，淡奶油75克，柠檬汁5毫升，咖啡适量。

烘焙温度：上火 180℃，下火 160℃　　　时间：50分钟

🍳 美味创作

1. 将芝士用电动打蛋器搅拌均匀后加入糖粉。

2. 加入糖粉后继续搅拌，直至芝士光滑无颗粒。

3. 将鸡蛋分两次加入，每次都要搅拌均匀。

4. 将黄油一次性加入后搅拌均匀。

5. 将淡奶油、柠檬汁加入后搅拌均匀。

6. 在模具底部垫油纸，将搅拌好的芝士糊倒入模具，留少许芝士糊。

7. 在剩下的芝士糊里加入咖啡，搅拌至咖啡完全融化。

8. 将咖啡芝士糊倒入，用牙签轻刮表面，形成花纹。

9. 烤箱预热，往烤盘里倒入少许水，放入烤箱中层烘烤约40分钟。

10. 烤至表面上色后，关闭上火，用下火160℃继续烘烤约10分钟，烤熟即可。

小贴士： 咖啡芝士糊倒入时一定要轻，避免沉底。

59

布丁蛋糕

烘焙温度：上火 190℃、
下火 140℃

时间：25 分钟

原料：鸡蛋 5 个，白糖 180 克，蛋糕油 10 克，低筋面粉 180 克，色拉油 20 毫升，布丁粉 100 克，水 700 毫升。

美味创作

1. 将 2 个鸡蛋和白糖混合，搅拌均匀。
2. 加入蛋糕油、低筋面粉、色拉油，搅拌均匀。
3. 直至成面糊。
4. 将面糊倒入模具内，入炉烘烤。
5. 将布丁粉和水煮溶成布丁水。
6. 加入 3 个鸡蛋，搅拌均匀。
7. 取出烤熟的蛋糕，中间凹槽部分用煮好的布丁水填充至八分满即可。

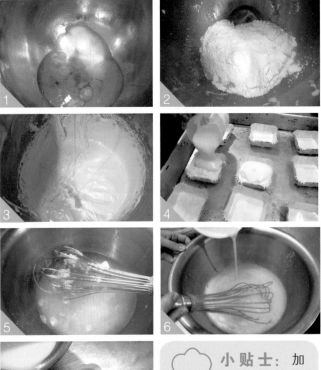

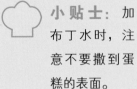

小贴士：加布丁水时，注意不要撒到蛋糕的表面。

海绵小蛋糕

烘焙温度：170℃

时间：30 分钟

原料： 鸡蛋 250 克，白糖 120 克，低筋面粉 130 克，蛋糕油 13 克，色拉油 30 毫升，牛奶 30 毫升。

美味创作

1. 将鸡蛋、糖混合搅拌均匀。
2. 将面粉过筛后加入，搅拌均匀。
3. 将蛋糕油加入后搅拌均匀，搅拌至面糊挂起后不会滴落。
4. 将色拉油加入后慢慢搅拌，再加入牛奶搅拌均匀。
5. 将模具刷上色拉油，便于出炉时脱模。
6. 将面糊倒入模具，震出气泡后可在表面撒果仁做适当装饰。
7. 烤箱预热后放入蛋糕，烘烤至表面金黄即可。

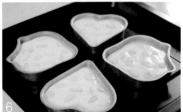

小贴士： 模具底部刷色拉油后可以再撒少量面粉，更易脱模。

蜂巢蛋糕

烘焙温度：上火 200℃、下火 150℃

时间：40 分钟

原料： 炼乳 500 克，色拉油 200 毫升，鸡蛋 300 克，低筋面粉 300 克，苏打粉 20 克，水 250 毫升，白糖 400 克，蜂蜜 50 克。

美味创作

1. 将炼乳、色拉油搅拌均匀。
2. 加入鸡蛋，搅拌均匀。
3. 加入低筋面粉、苏打粉，搅拌成面糊。
4. 将白糖、水加热后冷却，再加入蜂蜜，搅拌均匀。
5. 将冷却后的蜂蜜糖水加入面糊内，搅拌均匀。
6. 将面糊倒入模具内，入炉烘烤，熟后出炉。

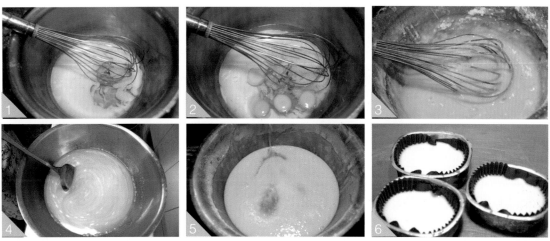

 小贴士： 严格掌握每个步骤的操作顺序。

海星蛋糕

原料：（1）鸡蛋4个，白糖300克，挞挞粉8克，盐3克，低筋面粉250克，吉士粉50克，蛋糕油30克，色拉油150毫升。

（2）柠檬果酱适量。

烘焙温度：上火170℃、下火140℃

时间：28分钟

🍳 美味创作

1. 将原料（1）依次加入容器内，搅拌至微发。
2. 再倒入烤盘内，抹平。
3. 表面用柠檬果酱挤出条纹状，入炉烘烤至熟。
4. 取一块烤熟的蛋糕，在背面抹上柠檬果酱。
5. 将蛋糕由外而内包卷好。
6. 用牙刀切成9厘米长的小件即可。

👨‍🍳 **小贴士：** 往面糊中挤果酱时要注意分布均匀。

天使蛋糕

原料： 蛋清 1500 毫升，白糖 900 克，挞挞粉 20 克，盐 8 克，低筋面粉 900 克，蛋黄液 20 克，蛋糕油 105 克，牛奶 200 毫升，色拉油 200 毫升。

烘焙温度：上火 170℃、下火 130℃

时间：28 分钟

🍳 美味创作

1. 将蛋清、白糖、挞挞粉、盐依次加入容器内，搅拌均匀。
2. 加入低筋面粉、蛋黄液，搅拌至微发。
3. 加入蛋糕油、牛奶、色拉油，搅拌成面糊。
4. 将面糊倒入烤盘内抹平，表面挤上蛋黄液。
5. 用竹扦（或剪刀）垂直蛋黄纹路划线，烤箱预热后放入烤箱烘烤，烤熟出炉即可。

小贴士： 烤盘上放马拉糕纸；蛋糕表面也可放少许红、青樱桃做装饰。

夏日柠檬

原料: 奶油 250 克, 白糖 200 克, 吉士粉 25 克, 蛋糕粉 400 克, 奶香粉 10 克, 泡打粉 10 克, 鸡蛋黄 400 克, 鸡蛋清 900 克, 水 250 毫升, 挞挞粉、柠檬果酱各适量。

 烘焙温度: 上火 170℃, 下火 150℃

 时间: 30 分钟

美味创作

1. 将水、奶油、白糖拌匀。
2. 加入吉士粉、蛋糕粉、奶香粉、泡打粉拌匀。
3. 加入鸡蛋黄, 拌匀成面糊, 备用。
4. 把鸡蛋清、白糖、挞挞粉快速打发至湿性发泡。
5. 将打发好的鸡蛋清与面糊搅拌均匀。
6. 把搅拌好的面糊装入裱花袋, 挤入备用好的模具内。
7. 放进烤箱, 烘烤至熟。
8. 出模后表面均匀涂抹柠檬果酱即可。

小贴士: 表面果酱以刚刚挂边为宜, 太满会影响蛋糕的外观。

芙皮水果蛋糕卷

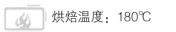 烘焙温度：180℃　　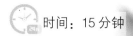 时间：15分钟

原料： 泡芙面糊：无盐黄油50克，水100毫升，盐2克，白糖10克，低筋面粉60克，全蛋4个。乳状鲜奶油：蛋清4个，白糖110克，玉米淀粉35克，牛奶700毫升，明胶片18克，水70毫升，鲜奶油350克，香草粉、水果各适量。

📷 美味创作

1. 无盐黄油隔水融化，加入水、白糖10克、盐和低筋面粉拌匀，加入全蛋搅拌均匀。

2. 将面糊倒进烤盘，烤成泡芙片。

3. 将牛奶煮热，加入白糖110克、香草粉拌匀，加入鲜奶油、玉米淀粉、水、融化了的明胶片、打发好的蛋清等拌匀。

4. 在烤好的泡芙皮上倒上乳状鲜奶油，撒上切好的水果，卷好切开即可。

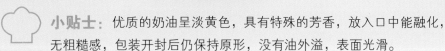 **小贴士：** 优质的奶油呈淡黄色，具有特殊的芳香，放入口中能融化，无粗糙感，包装开封后仍保持原形，没有油外溢，表面光滑。

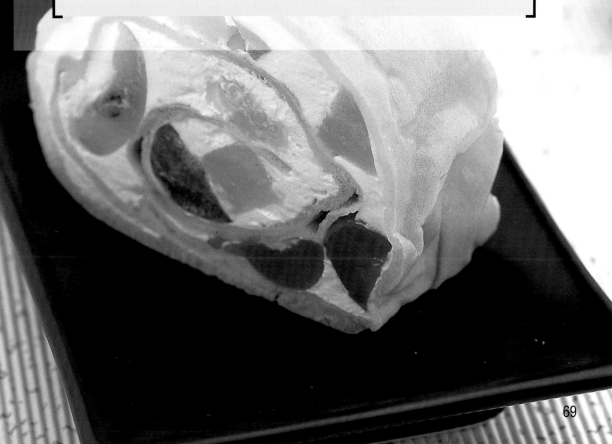

水果蛋糕卷

烘焙温度：上火 170℃、下火 150℃

时间：30 分钟

小贴士：面糊倒入烤盘时不宜摊得太薄，否则会影响后面步骤的操作。

原料: 白糖 220 克, 蛋糕粉 110 克, 面包粉 80 克, 盐 3 克, 鸡蛋 10 个, 泡打粉 2 克, 黄油 25 克, 水 100 毫升, 色拉油 100 毫升, 果馅、鲜奶油、水果各适量。

美味创作

1. 把鸡蛋、白糖放入搅拌机, 搅拌至糖溶化。
2. 加入蛋糕粉、面包粉、盐、泡打粉搅拌至均匀。
3. 加入黄油, 搅拌均匀, 再打发面糊。
4. 慢慢加入水拌匀。
5. 加入色拉油拌匀。
6. 倒入烤盘, 抹平; 进入烤炉, 烤至熟透。
7. 出炉备用。
8. 将烤好的蛋糕表面均匀涂抹果馅。
9. 卷起成圆筒状静置。
10. 取出蛋糕卷, 切成大小适合的段。
11. 表面均匀挤上鲜奶油。
12. 摆上已切好的水果装饰。

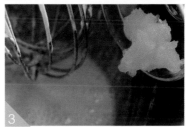

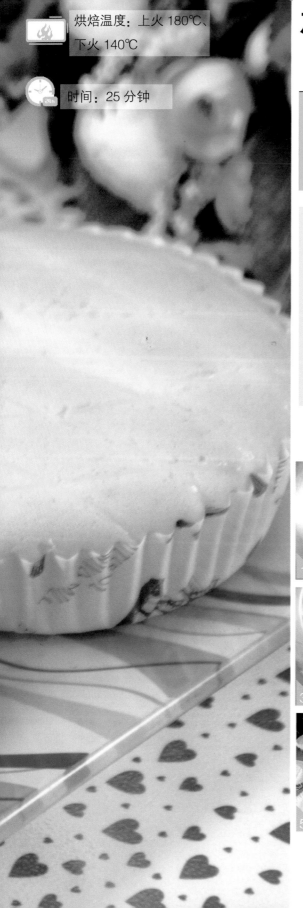

烘焙温度：上火 180℃、
下火 140℃

时间：25 分钟

格格蛋糕

原料：（1）鸡蛋 700 克，白糖 350 克，盐 3 克。
（2）低筋面粉 400 克，吉士粉 10 克，泡打粉 2 克，蛋糕油 20 克。
（3）水 75 毫升，色拉油 80 毫升，色素适量。

美味创作

1. 将原料（1）依次加入搅拌均匀。
2. 加入原料（2）搅拌均匀。
3. 加入原料（3）搅拌至形成面糊。
4. 将面糊挤入准备好的模具内。
5. 表面用果酱挤出网状装饰，放入预热后的烤箱内，烘烤至熟。

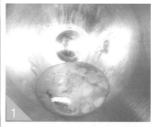

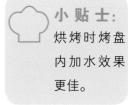

小贴士：烘烤时烤盘内加水效果更佳。

酥粒蛋糕

烘焙温度：上火 190℃、
下火 140℃

时间：25 分钟

原料： （1）鸡蛋 700 克，白糖 400 克，蛋牛奶浆 5 毫升。

（2）低筋面粉 500 克，牛奶香粉 20 克，蛋糕油 40 克，色拉油 400 毫升。

（3）酥粒、樱桃各适量。

美味创作

1. 将原料（1）依次加入搅拌均匀。
2. 加入原料（2）搅拌成面糊。
3. 将面糊倒入模具内，表面撒上酥粒。
4. 表面摆一个樱桃装饰，放入预热后的烤箱烘烤，烤熟即可。

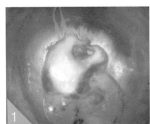
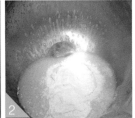

小贴士： 香酥粒，可以选择在完成以后再撒。烘烤前放，味道好；烘烤后放，品相佳。

咖啡芝士蛋糕

原料： 牛奶 320 毫升，即溶咖啡 16 克，忌廉芝士 420 克，蛋黄 210 克，白糖 200 克，玉米淀粉 180 克，蛋白 480 克，盐 5 克，挞挞粉 5 克。

 烘焙温度：上火 220℃、下火 150℃

 时间：30 分钟

🍮 美味创作

1. 将牛奶、即溶咖啡、忌廉芝士隔水蒸至融化。
2. 加入蛋黄和 40 克白糖，搅拌均匀。
3. 加入玉米淀粉，搅拌成面糊。
4. 将蛋白、盐、挞挞粉和 160 克白糖搅拌成鸡尾状，与面糊混合，搅拌均匀。
5. 将面糊倒入模具内，放入烤箱，烘烤至蛋糕熟即可。

 小贴士：隔水烘烤时，要注意火候。

香杏蛋糕

烘焙温度：上火
180℃、下火 130℃

时间：15 分钟

原料： 全蛋 200 克，白糖 100 克，盐 2 克，高筋面粉 100 克，泡打粉 2 克，杏仁粉 30 克，蛋糕油 15 克，清水 30 毫升，鲜牛奶 30 毫升，色拉油 60 毫升，杏仁片适量。

美味创作

1. 将全蛋、白糖、盐混合搅拌至糖融化。
2. 加入高筋面粉、泡打粉、杏仁粉搅拌至无粉粒状。
3. 加入蛋糕油，先慢后快拌打至体积增至为原来的 3.5 倍。
4. 转中速搅拌，慢慢加入清水、鲜牛奶、色拉油拌至完全混合。
5. 将拌好的面糊挤到已预先撒有杏仁片的模具内，约八分满。
6. 放入电烤箱中烘烤，熟透后脱模即可。

小贴士： 杏仁或瓜子仁可自由选择。

烘焙温度：上火 170℃、下火 140℃

时间：20 分钟

香妃蛋糕

原料： 蛋黄部分：（1）水 500 毫升，色拉油 250 毫升，盐 10 克，低筋面粉 600 克，泡打粉 10 克，牛奶香粉 15 克。（2）蛋黄 500 克。

蛋清部分：蛋清 1100 克，白糖 600 克，挞挞粉 25 克。

其他：奶油适量。

美味创作

1. 将蛋黄（1）依次加入搅拌机内搅拌均匀。
2. 加入蛋黄（2）搅拌均匀。
3. 将蛋清部分原料依次加入搅拌机内搅拌均匀。
4. 直至形成鸡尾状。
5. 将蛋黄部分与蛋清部分混合搅拌成面糊后，入炉烘烤，熟后出炉。
6. 将烤熟的蛋糕抹上奶油夹起。
7. 用牙刀将夹好的蛋糕切成小块。

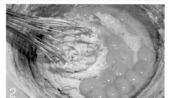
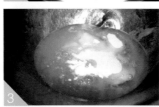
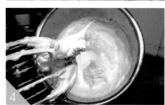

小贴士： 烘烤时注意火候，成品的颜色不能太深。

Chapter 4

可口饼干
轻松做

花生薄饼

 烘焙温度：上火170℃、下火140℃ 时间：25分钟

原料： 酥油375克，糖粉250克，全蛋270克，鲜牛奶150毫升，低筋面粉460克，奶粉100克，奶香粉5克，盐3克，花生碎适量。

美味创作

1. 将酥油、糖粉、盐混合搅拌至奶白色。
2. 分次加入全蛋、鲜牛奶，拌至均匀。
3. 加入低筋面粉、奶粉、奶香粉拌至完全混合成面糊。
4. 裱花袋装入面糊，挤出成形。
5. 粘上花生碎，入炉烘烤至熟即可。

> 🧑‍🍳 **小贴士：** 花生碎大小要均匀。

云石曲奇

烘焙温度：上火 160℃、下火 140℃

原料： 黄油 140 克，糖粉 80 克，鸡蛋 50 克，低筋面粉 260 克，可可粉 20 克。

时间：15 分钟

🎬 美味创作

1. 将黄油和过筛后的糖粉用电动打蛋器搅拌至淡黄色。

2. 将鸡蛋液分三次加入，鸡蛋液和黄油充分融合后，再加入下一次。

3. 将过筛后的面粉加入，打至黄油和面粉融合，成颗粒状。

4. 取三分之一面粉加入可可粉，揉成面剂，剩下的三分之二也揉成面剂。

5. 将两种面剂擀成大小一致的两块面饼。如图所示叠盖在一起。

6. 然后从中间切开，再如图所示叠盖上去，连续重复此动作三次。

7. 将面剂揉捏成圆柱形。

8. 包上保鲜膜后放入冰箱冷藏至硬后切片。

9. 摆入烤盘，烤箱预热后，放入烤箱烘烤至熟。

 小贴士： 加入可可粉搅拌时应注意不要让面粉起筋。

烘焙温度：上火 210℃、下火 140℃

时间：25 分钟

小贴士：面糊搅拌时，不要搅拌得过度，拌匀即可。烘烤至呈金黄色即可。

俄罗斯曲奇

原料： 牛油 500 克，糖粉 500 克，水 20 毫升，盐 5 克，鸡蛋 250 克，低筋面粉 750 克，牛奶香粉 8 克，奶油 250 克，白糖 320 克，麦芽糖 300 克，瓜子仁 350 克。

美味创作

1. 将牛油、白糖粉拌匀。
2. 加入水、盐，拌匀。
3. 再加入鸡蛋，拌匀。
4. 最后加入低筋面粉、牛奶香粉，拌匀。
5. 充分拌匀成面糊。
6. 用蛋糕花嘴挤出圆圈形。
7. 将奶油、白糖、麦芽糖、瓜子仁拌匀成馅料。
8. 将馅料用汤勺慢慢加入圆圈内，放入烤箱烘烤，熟透后出炉。

瓜子仁曲奇

 烘焙温度：上火 130℃、下火 130℃

 时间：20 分钟

原料： 奶油 225 克，糖粉 225 克，盐 2 克，鸡蛋 130 克，高筋面粉 430 克，可可粉 15 克，瓜子仁 160 克。

 ## 美味创作

1. 将奶油、糖粉、盐混合搅拌至奶白色。
2. 分次加入鸡蛋，边加入边搅拌至完全均匀。
3. 加入高筋面粉、可可粉、瓜子仁，搅拌至均匀。
4. 将拌好的面剂放入方形模具中，压平、压实，放入冰箱冷冻。
5. 将冻实的面剂取出分切成小条状，再分切成小片状，放入烤盘排整齐，然后放入电烤箱。
6. 烘烤，至熟透后出炉。

小贴士： 果仁碎可自由选择，风味浓淡亦可自由调节。

香葱曲奇

 烘焙温度：上火 170℃、下火 150℃

 时间：25 分钟

原料： 奶油 500 克，糖粉 400 克，盐 25 克，液态酥油 350 克，葱花 350 克，水 350 毫升，鸡精 15 克，低筋面粉 1400 克。

 ## 美味创作

1. 把奶油、糖粉、盐混合在一起，充分搅拌，起发。
2. 加入液态酥油，搅拌至完全混合。
3. 加入葱花、鸡精拌匀。
4. 慢慢加入水，搅拌透彻。
5. 加入低筋面粉，搅拌均匀后成曲奇面剂。
6. 用裱花袋把面剂挤在烤盘中成形，入炉烘烤，烤至金黄色后出炉。

小贴士： 奶油尽量搅拌至起发，葱花不要切得太长。

樱桃曲奇

 烘焙温度：上火 190℃、下火 140℃

 时间：25 分钟

原料： 黄油 500 克，白糖 500 克，鸡蛋 300 克，低筋面粉 1200 克，奶粉 60 克，牛奶香精 5 克，樱桃适量。

美味创作

1. 将黄油、白糖搅拌均匀。
2. 直至形成面糊。
3. 加入鸡蛋，搅拌均匀。
4. 加入低筋面粉、奶粉、牛奶香精，搅拌均匀。
5. 直至形成面糊。
6. 用蛋糕花嘴将面糊挤出形状，放上樱桃，放入烤箱烘烤，至熟透后出炉。

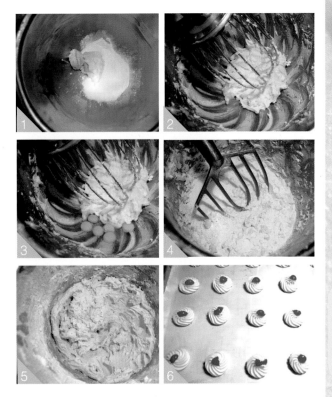

小贴士： 搅拌时不要过度，拌匀即可；挤形状时，注意大小均匀。

牛油芝士曲奇

原料： 黄油 100 克，白糖 100 克，奶油芝士 30 克，低筋面粉 250 克，鸡蛋 35 克，杏仁片适量。

 烘焙温度：170℃

 时间：20 分钟

美味创作

1. 将糖和黄油混合，搅打至糖完全融化。
2. 加入奶油芝士，搅打至芝士完全融合。
3. 面粉过筛后加入，搅拌均匀。
4. 分三次加入鸡蛋，等鸡蛋和黄油完全融合时，再加入下一次蛋液。
5. 裱花袋装入牙嘴后倒入面糊，在烤盘上挤出曲奇。
6. 取适量杏仁片喷少许水，再加入白糖搅拌。
7. 将杏仁片和白糖放在曲奇上。
8. 烤箱预热后，放入烤箱烘烤至呈金黄色即可。

 小贴士： 挤曲奇时，要保持体积大小一致。

巧克力薄饼

原料： 奶油 150 克，糖粉 120 克，蛋清 90 克，低筋面粉 150 克，奶粉 80 克，可可粉 15 克，盐 2 克，杏仁片适量。

 烘焙温度：上火 170℃、下火 130℃

 时间：25 分钟

美味创作

1. 将奶油、糖粉混合搅拌至奶白色。
2. 加入蛋清，边加边搅拌至完全均匀。
3. 加入低筋面粉、奶粉、可可粉、盐，继续搅拌。
4. 直至完全搅拌透彻。
5. 面糊拌好后，先预备耐高温布和瓦片模，将面糊铺于瓦片模上。
6. 然后用抹刀抹平，填满。
7. 抹平后将瓦片模取去。
8. 饼坯表面用杏仁片装饰，烤箱预热。
9. 放入烤箱烘烤，熟透后出炉。

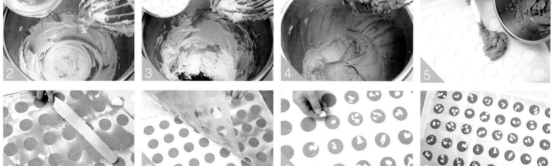

 小贴士： 瓦片模形状规格可自由选择，装饰坚果也可自由选择。

心形饼干

原料：奶油 125 克，糖粉 100 克，盐 5 克，液态奶油 100 克，水 100 毫升，高筋面粉 350 克，奶香粉 2 克，干果仁适量。

 烘焙温度：上火 170℃、下火 130℃

 时间：25 分钟

 美味创作

1. 将奶油、糖粉、盐混合搅拌至均匀。
2. 分次加入液态奶油、水，边加入边搅拌至均匀。
3. 再加入高筋面粉、奶香粉混合。
4. 搅拌至完全透彻。
5. 把拌好的面剂装入裱花袋。
6. 在烤盘上挤出心形。
7. 再用干果仁装饰后入烤炉。
8. 烘烤熟透即可。

 小贴士：装饰的果碎可自由选择。

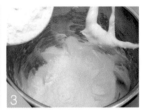

杏仁瓦片

 烘焙温度：170℃

 时间：15 分钟

原料： 杏仁片 100 克，白糖 40 克，鸡蛋 20 克，蛋白 32 克，盐 5 克，低筋面粉 25 克。

小贴士： 搅拌时应注意力度，避免搅碎杏仁片影响口感。

美味创作

1. 将所有材料混合后搅拌均匀。

2. 搅拌好后静置 30 分钟。

3. 将搅拌好的面糊在高温布上铺成大小一致的圆形。

4. 烤箱预热后，放入面糊，烘烤至熟透后出炉。

蝴蝶酥

烘焙温度：上火210℃、
下火180℃

时间：25分钟

原料： 低筋面粉1000克，白糖100克，猪油75克，鸡蛋2个，水350毫升，千层酥油适量。

美味创作

1. 将低筋面粉、白糖、猪油、鸡蛋、水依次加入搅拌机内，搅拌均匀。

2. 直至形成面剂。

3. 将千层酥油包入面剂里。

4. 用擀面棍擀平，开酥，折成方形的形状。

5. 将白糖撒在擀平的面皮上。

6. 将两边向内折起。

7. 将中间折起，呈长方形条状。

8. 用刀切成蝴蝶形，摆入烤盘内，放入烤箱烘烤，熟透后出炉。

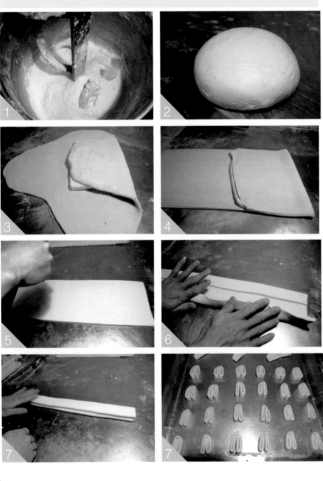

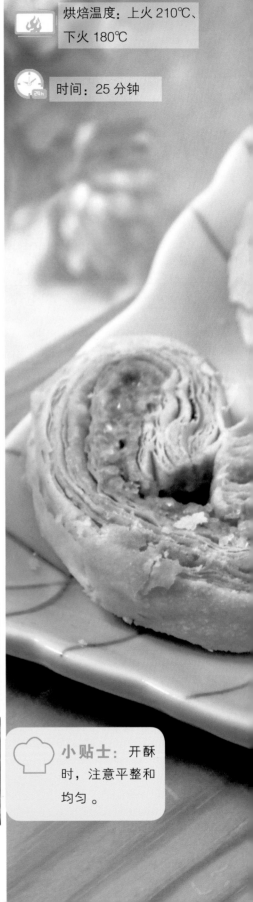

小贴士： 开酥时，注意平整和均匀。

94

千层酥

原料： 低筋面粉 1000 克，白糖 100 克，猪油 75 克，鸡蛋 2 个，水 350 毫升，片状酥油、莲蓉各适量。

🍱 美味创作

1. 将低筋面粉、白糖、猪油、鸡蛋、水放入搅拌机内，搅拌至形成面剂。
2. 擀成面剂皮，包入片状酥油。
3. 用擀面棍擀平，折成方形的形状。
4. 用擀面棍擀薄后，用轮刀切成方形面皮。
5. 包入莲蓉。
6. 摆入烤盘内，放入烤箱烘烤，熟透后出炉。

烘焙温度：上火 210℃、下火 160℃

时间：25 分钟

小贴士： 操作过程中注意水皮的保湿，最好每次开酥后经冷藏再开下一次。

美式芝士条

原料： 无水酥油 75 克，鸡蛋液 70 克，盐 1 克，芝士粉 10 克，低筋面粉 115 克，奶粉 13 克，糖粉 50 克，杏仁片适量。

 烘焙温度：180℃

 时间：18 分钟

🍴 美味创作

1. 将无水酥油、盐、糖粉混合搅拌至糖融化。

2. 分三次加入鸡蛋液，搅拌至鸡蛋液和酥油完全融合后再加入下一次蛋液。

3. 加入芝士粉搅拌均匀。

4. 将面粉和奶粉混合过筛后加入搅拌均匀。

5. 将裱花袋剪口装入花嘴，再装入搅拌好的面糊，在烤盘上挤出造型。

6. 在饼干上放上杏仁片。

7. 撒上芝士粉。

8. 烤箱预热后，放入饼干，烘烤至熟透后出炉。

小贴士： 芝士的用量可以按自己口味喜好增减。

肉松蔬菜饼

烘焙温度：160℃

时间：20 分钟

原料： 面剂：黄油 140 克，糖粉 80 克，鸡蛋 50 克，低筋面粉 260 克。

馅料： 肉松 100 克，黄油 30 克，花生碎 20 克，糖粉 10 克，葱花 15 克，火腿粒 15 克。

🍳 美味创作

1. 将黄油和过筛后的糖粉用电动打蛋器打至呈淡黄色。

2. 将鸡蛋液分三次加入，鸡蛋液和黄油充分融合后，再加入下一次蛋液。

3. 将过筛后的面粉加入，打至黄油和面粉融合呈颗粒状。

4. 揉成面剂，至表面不粘手。

5. 把肉松、黄油、花生碎、糖粉、火腿粒、葱花混合搅拌均匀。

6. 取 30 克的饼干皮，20 克的馅料。

7. 将馅料包入皮中，收口处捏紧。

8. 放入模具中定型后，在饼干表面刷蛋黄液。

9. 烤箱预热后，饼干放入烤箱烘烤至熟透即可。

小贴士： 可以用牙签在表面划几道花纹起到装饰作用。

花生椰子球

原料： 白奶油 100 克，糖粉 100 克，蛋清 50 克，鲜牛奶 40 毫升，椰蓉 280 克，奶粉 30 克，花生碎 80 克，黑芝麻 30 克。

 烘焙温度：上火 170℃、下火 120℃

 时间：25 分钟

美味创作

1. 将白奶油、糖粉混合搅拌至完全透彻。
2. 分次加入蛋清、鲜牛奶，边加入边搅拌至均匀。
3. 加入椰蓉、奶粉搅拌均匀。
4. 再加入花生碎、黑芝麻拌匀。
5. 然后搓成圆球状放入烤盘，烤箱预热后放入烤箱。
6. 烘烤至熟透，出炉即可。

小贴士： 芝麻先洗干净，以免有杂质，烘烤不宜太干，以松软为佳。

Chapter 5

酥香派挞
轻松做

派挞皮的做法

原料： 黄油 140 克，糖粉 80 克，鸡蛋 50 克，低筋面粉 260 克。

美味创作

1. 糖粉和面粉分别过筛。

2. 将糖粉和黄油混合，用电动打蛋器打到糖粉融化。

3. 将鸡蛋液分 3 次加入，每次加入时要等鸡蛋液和黄油充分融合后再次加入。

4. 加入过筛后的面粉，搅打至黄油和面粉融合，成颗粒状。

5. 揉成面剂，至表面不粘手。

鱿鱼风味派

 烘焙温度：上火 180℃、下火 140℃

 时间：25 分钟

原料： 鲜鱿鱼丁 250 克，色拉油 50 毫升，洋葱丁 80 克，胡萝卜粒、青辣椒丝、红辣椒丝各 50 克，胡椒粉 4 克，盐、味精、玉米淀粉、酱油、鸡精、鸡蛋、派皮各适量。

美味创作

1. 鱿鱼丁汆水后先起油锅爆香，加入辣椒丝等拌炒。
2. 拌炒中继续将洋葱丁、胡萝卜粒加入炒至熟。
3. 加入少量玉米淀粉和水勾芡，快速拌炒至收干水分，稍冷却后倒入已备好的派模内。
4. 抹平后再铺上一层薄派皮，用一个同等大小的派模倒扣在上面，将多余派皮去掉。
5. 扫上蛋黄液，稍干后用竹签画出格纹，再放入电烤箱。
6. 烘烤熟透后出炉，冷却后脱模。

小贴士： 鱿鱼应用热水稍汆，以除去腥味。

咖喱牛肉派

原料： 牛肉粒 250 克，洋葱丁、胡萝卜丁各 50 克，盐、味精、胡椒粉、咖啡粉、玉米淀粉、色拉油、水、鸡蛋、派皮各适量。

 烘焙温度：上火 180℃、下火 140℃　　 时间：25 分钟

🍲 美味创作

1. 将牛肉粒稍爆炒。
2. 加入洋葱丁和胡萝卜丁，边炒边拌。
3. 加入其他原料（玉米淀粉和水除外）继续炒熟。
4. 用玉米淀粉与水混合后勾芡，冷却备用。
5. 将冷却的馅料倒入已备好的派模内。
6. 抹平后再铺上一层薄派皮。
7. 用一个同等大小的派模倒扣在上面，将多余的派皮去掉。
8. 再刷上蛋黄液。
9. 稍干后用竹签画出格纹，放入电烤箱。
10. 烘烤熟透后出炉冷却，再脱模。

> 🧑‍🍳 **小贴士：** 牛肉粒不应炒得太熟，否则韧性太强，不爽口。

巧克力香蕉挞

烘焙温度：上火 180℃、下火 140℃　　时间：25 分钟

📷 美味创作

1. 准备制作好挞皮面剂。
2. 用油纸包住面剂，擀开成挞皮。
3. 将挞皮放入挞盘，捏制均匀。
4. 用刮板刮去多余边缘。
5. 用叉子或者牙签将挞皮底部轻扎几个洞。
6. 将挞皮放入烤箱，烤至金黄色。
7. 将黑巧克力融化，加入淡奶油搅拌均匀，涂在烤好的挞皮上。
8. 铺上一层香蕉片。
9. 将剩下的巧克力液淋上去，抹平表面。
10. 放入冰箱冷藏 30 分钟，在表面撒上防潮糖粉装饰。

小贴士： 扎洞不易太密，以免扎烂挞皮。

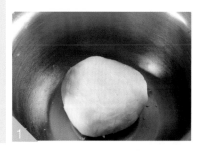

黄桃挞

原料： 挞皮面剂1个，奶油蛋糕预拌粉100克，鸡蛋40克，色拉油30毫升，水20毫升，罐头黄桃适量。

烘焙温度：160℃

时间：50分钟

 美味创作

1. 制作好挞皮面剂。
2. 用油纸包住面剂，擀开成挞皮。
3. 放入挞盘，捏制均匀。
4. 用刮板切去多余边缘。
5. 将奶油蛋糕预拌粉、鸡蛋、色拉油、水混合搅拌均匀。
6. 将挞坯底部用叉子或牙签轻轻扎几个洞。
7. 将混合好的馅料倒入剪口的裱花袋，将馅料挤入挞坯，至七分满即可。
8. 将黄桃切片摆放好，烤箱预热后放入烘烤至熟透即可。

 小贴士： 扎洞是为了避免挞皮在烘烤时胀气。

鸡粒香菇派

 烘焙温度：上火 180℃、下火 140℃

 时间：25 分钟

原料： 鸡肉丁 200 克，冬菇 80 克，洋葱丁 80 克，色拉油 30 毫升，香油、盐、味精、胡椒粉、玉米淀粉、派皮、鸡蛋各适量。

美味创作

1. 将洋葱丁爆香，加入鸡肉、冬菇、香油、盐、味精、胡椒粉一起炒熟，用玉米淀粉和水拌匀勾芡，冷却备用。

2. 将冷却的馅料倒入已备好的派模中，然后抹平，在表面再铺上一块薄派皮。

3. 用同等大小的派模压实，除去多余派皮，然后刷上蛋黄液。

4. 稍干后用竹签画出格纹，放入电烤箱。

5. 以上火 180℃、下火 140℃ 的温度烤熟，出炉冷却后脱模即可。

> **小贴士：** 冬菇要用冷水浸泡透。勾芡主要是为了防止馅料汁液外流。

杏仁鲜奶挞

 烘焙温度：上火 220℃、下火 200℃

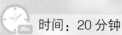 时间：20 分钟

原料： 高筋面粉 100 克，低筋面粉 200 克，泡打粉 2 克，奶粉 10 克，盐 2 克，糖粉 170 克，水 40 毫升，全蛋 5 个，白砂糖 100 克，奶油 110 克，牛奶 500 毫升，杏仁粉 100 克，香草粉 1 茶匙，全蛋汁适量。

美味创作

1. 将糖粉（70 克）、奶粉、高筋面粉、低筋面粉（100 克）、泡打粉一起过筛备用。
2. 与盐、水、奶油（60 克）一起放入大碗中搅拌均匀。
3. 取出，静置松弛约 10 分钟，做好挞皮面剂。
4. 奶油（50 克）、白砂糖搅拌均匀，5 个全蛋用打蛋器搅拌均匀，加入低筋面粉（100 克）拌匀。
5. 倒入牛奶拌匀，加入杏仁粉、香草粉拌匀。
6. 挞皮内层涂上蛋汁，倒入七分满的面糊。
7. 放入烤箱，烤至呈金黄色出炉，撒上糖粉（100 克）即可。

小贴士： 出炉后需要立刻脱膜，放置铁架上冷却。

香槟蜜桃挞

 烘焙温度：160℃　　 时间：25分钟

原料： 挞皮：奶油 125 克，蛋黄 2 个，盐 2.5 克，水 50 毫升，低筋面粉 250 克；

香槟慕斯：蜜桃泥 170 克，糖粉 65 克，明胶片 12 克，香槟 250 克，鲜奶油 80 克；

奶酪：蛋黄 2 个，白糖 25 克，鲜奶油 250 克，香草粉适量。

装饰：意大利蛋清霜、蜜桃等水果适量。

 ## 美味创作

1. 把奶油、蛋黄、盐和水混合，拌入过筛的低筋面粉中，揉成面剂后静置，然后擀平放入模具，放入电烤箱烤至金黄色。

2. 在蜜桃泥中加入糖粉拌匀，加入溶化的明胶片，加入香槟拌匀。

3. 把蜜桃香槟混合物加入打至七分发的鲜奶油中，倒入模具中，冷冻 2 小时至凝固。

4. 将蛋黄、香草粉、白糖与鲜奶油混合成奶酪，在挞皮上先放上一块蜜桃，倒入奶酪，放入电烤箱烘烤 15 分钟，冷却后放上凝固的香槟慕斯，挤上意大利蛋清霜，放上水果装饰即可。

> 🧑‍🍳 **小贴士**：在甜点里加酒能提升各种材料的味道，用香槟做出来的慕斯酒味浓郁。

烘焙温度：上火 180℃、下火 200℃

时间：20 分钟

菠萝挞

原料： 牛油 150 克，猪油 100 克，糖粉 125 克，鸡蛋 2 个，低筋面粉 500 克，菠萝 500 克，透明果膏 50 克。

美味创作

1. 将牛油、猪油、糖粉搅拌均匀。
2. 加入鸡蛋，搅拌均匀。
3. 加入低筋面粉，搅拌均匀。
4. 直至形成面剂。
5. 将适量面剂依次压入模具。
6. 将做好的挞皮摆入烤盘内，烘烤熟透后出炉。
7. 将菠萝和透明果膏拌匀，加入挞皮内。

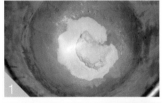
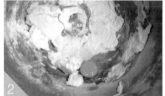

 小贴士： 烘烤挞皮时，注意掌握火候。

蜜桃挞

原料： 牛油 150 克，猪油 100 克，糖粉 125 克，鸡蛋 2 个，低筋面粉 500 克，奶油 20 克，水蜜桃 1 个。

 烘焙温度：上火 180℃、下火 200℃

 时间：18 分钟

美味创作

1. 将牛油、猪油、糖粉搅拌均匀。
2. 加入鸡蛋，搅拌均匀。
3. 加入低筋面粉，搅拌均匀。
4. 搓揉至形成面剂。
5. 将面剂压制成多块挞皮，并分别把挞皮压入模具中，入炉烘烤。
6. 用打蛋器将奶油打发，并把打发好的奶油装入裱花袋，待挞模出炉后挤入挞模内。
7. 将水蜜桃依次摆入。

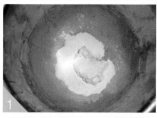 

小贴士： 水蜜桃切片要一致，摆放要均匀，此品最具吸引力的就是漂亮的外形。

松子香芋挞

 烘焙温度：上火 200℃、下火 250℃

 时间：8 分钟

原料： 挞皮面剂 1 个，芋头 500 克，鲜奶 100 毫升，芝士 100 克，松子适量。

 美味创作

1. 把芋头去皮切片蒸熟。
2. 将芋头捣烂，加入芝士和鲜奶拌匀。
3. 把挞皮印出圆形，放入挞盏中捏好，排入烤盘中。
4. 把馅放入挞皮中，加入松子，放入烤箱，烘烤至熟透后出炉。

> **小贴士：** 不要用手压挞皮的边，不然就不能起酥。本品有清淡香芋味。

西米挞

烘焙温度：上火 230℃、下火 300℃

时间：10 分钟

原料： 水皮：面粉 500 克，鸡蛋 1 个，白糖 50 克，猪油 25 克，水 250 克；

油心：牛油 300 克，猪油 500 克，面粉 400 克；

蛋水：净鸡蛋 500 克，白糖 250 克，水 500 克；

馅：西米 1 包。

 ## 美味创作

1. 水皮制作：面粉开窝，放入糖、鸡蛋、猪油和匀，加入水，拌入面粉，搓至纯滑成水皮。
2. 油心制作：面粉开窝，放入牛油、猪油，擦匀成为油心。
3. 酥皮的制作：油心和水皮分别用盆装好，放入冰箱冷冻结实，取出后用擀面棍擀成日字形。
4. 把油心叠在水皮上，用水皮包住油心，擀薄。
5. 再对折，再次放入冰箱中冷冻结实。
6. 取出后再擀开，重复步骤 5，做成酥皮。
7. 蛋挞水的制作：把糖和水煮沸至糖溶化，冷冻备用；把鸡蛋打散，加入冻好的糖水，混合后过滤即成蛋挞水。
8. 把酥皮擀薄，用圆形印模印出挞皮。
9. 把皮放入蛋挞盏中捏好，排在烤盘中。
10. 把蛋挞水倒入盏中，约八分满，入炉烘烤，烘烤至九成熟。
11. 西米用热水浸透后煮 10 分钟。
12. 把西米铺在烘熟的蛋挞上即可。

> **小贴士：** 松化，层次分明，西米晶莹透明。西米要用热水浸至完全透明才能用。

Chapter *6*

诱人烧烤
轻松做

新奥尔良烤鸡翅

原料: 鸡翅 250 克,新奥尔良烤鸡腌料、蜂蜜、色拉油各适量。

 烘焙温度:190℃

 时间:20 分钟

美味创作

1. 将鸡翅洗净,沥干水分。

2. 用新奥尔良烤鸡腌料涂抹鸡翅,腌制 1 小时左右,烤前在鸡翅上刷色拉油。

3. 烤箱预热后,将鸡翅放在烤网上烘烤,中途取出翻身并扫上蜂蜜,使其均匀上色。

 小贴士: 鸡肉富含蛋白质、脂肪、钙、磷、铁、镁、钾、钠、维生素 A、维生素 B_1、维生素 B_2、维生素 C、维生素 E 和烟酸等成分。

新奥尔良烤鸡腿

 烘焙温度：190℃　　 时间：25 分钟

原料： 鸡腿 2 个，色拉油、蜂蜜、新奥尔良烤鸡腌料各适量。

 美味创作

1. 将鸡腿洗净，用新奥尔良烤鸡腌料涂抹鸡腿，腌渍 4 小时，烘烤前在鸡腿上刷色拉油和蜂蜜。
2. 烤箱预热，烘烤至鸡腿熟，中间取出翻面，使其均匀上色。

> **小贴士：** 选购大鸡腿较好，且将鸡腿扎一些洞，更易上味。

意大利牛排

烘焙温度：220℃

时间：18 分钟

原料： 牛排 500 克，牛肉汁 50 毫升，盐、色拉油适量。

小贴士： 牛肉含有足够的维生素 B_6，可帮你增强免疫力，促进蛋白质的新陈代谢和合成。

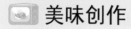 ## 美味创作

1. 将牛排用盐与牛肉汁稍腌制 10 分钟。
2. 烤盘刷色拉油后再放入牛排。
3. 烤箱预热后将牛排放入电烤箱中烤 10 分钟。
4. 取出翻面，再烤制 8 分钟，至八成熟即可。

串烧辣椒虾

 烘焙温度：200℃　　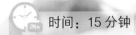 时间：15 分钟

原料： 竹节虾 350 克，柠檬汁 50 毫升，烧烤汁 20 毫升，白兰地 5 毫升，辣椒碎、鸡精、葱、红辣椒圈、香菜各适量。

 ## 美味创作

1. 白兰地、辣椒碎、鸡精、葱、红辣椒圈、香菜、竹节虾倒入碗中拌匀，腌制 20 分钟，用竹签串好，滴上柠檬汁。

2. 把虾串放入电烤箱中，烤 10 分钟，取出刷上烧烤汁，再放入电烤箱烤 5 分钟至虾串熟透。

> **小贴士：** 虾在腌制期间要每隔 2 分钟翻动一次，以便入味。

烤生蚝

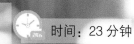 烘焙温度：180℃

时间：23 分钟

原料： 生蚝 200 克，蒜蓉、盐各适量。

 ## 美味创作

1. 将蒜蓉放进生蚝，再放入预热的电烤箱下层。
2. 用下火 180℃的温度烤制 20 分钟。
3. 取出后放入适量盐，再用上下火以 180℃烤制 3 分钟即可。

> **小贴士：** 吃烤生蚝时最好备一些芥末，因为芥末具有杀菌消毒的功效。

蒜香茄子

 烘焙温度：上火 200℃、下火 180℃

 时间：19分钟

原料： 茄子 500 克，烧烤汁 20 毫升，孜然粉 10 克，蒜蓉、色拉油、辣椒粉、葱花各适量。

 ## 美味创作

1. 将茄子擦上色拉油，放入预热后的电烤箱烤 7 分钟。
2. 取出茄子后切开平铺，并扫上烧烤汁，继续放入电烤箱中烤 7 分钟。
3. 取出后再刷上一层色拉油和烧烤汁，继续烤制 5 分钟。
4. 放上蒜蓉，将茄子烤至全熟，撒上孜然粉、辣椒粉，再撒上葱花即可。

小贴士： 茄子以果形均匀周正，老嫩适度，无裂口、腐烂、锈皮、斑点，皮薄、子少、肉厚、细嫩的为佳品。

串香凤爪

 烘焙温度：180℃　　 时间：10分钟

原料： 凤爪500克，盐、味精、鸡精、老抽、白兰地各适量。

 美味创作

1. 将凤爪斩去爪尖，中间开一刀，方便入味。
2. 将处理好的凤爪用盐、味精、鸡精、老抽、白兰地拌匀腌渍2小时。
3. 取出凤爪并将其串好，然后放入电烤箱中烤熟即可。

小贴士： 凤爪宜选用较大的。

炙烤秋刀鱼

原料：秋刀鱼 2 条，盐 12 克，孜然粉 5 克，胡椒粉 10 克，辣椒粉 5 克，料酒 8 毫升，烧烤汁 8 毫升。

 烘焙温度：上火 200℃，下火 230℃

 时间：15 分钟

美味创作

1. 将秋刀鱼洗净，在鱼身上稍切数刀。
2. 再放入预热后的电烤箱中烤制 5 分钟。
3. 将鱼身翻转，撒上调匀的味料粉继续烤制 5 分钟。
4. 将整条鱼扫上烧烤汁，烤 10 分钟至鱼皮呈金黄色即可。

> **小贴士**：秋刀鱼体内含有丰富的蛋白质、脂肪酸，还含有人体不可缺少的廿碳五烯酸（EPA）、廿二碳六烯酸（DHA）等不饱和脂肪酸，EPA、DHA 有抑制高血压、心肌梗死、动脉硬化的作用。

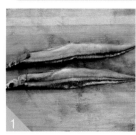

烘焙温度：上火 200℃、下火 2300℃

时间：15 分钟

炙烤黄花鱼

原料： 鲜黄花鱼 450 克，盐 12 克，孜然粉 5 克，胡椒粉 10 克，辣椒粉 5 克，料酒 8 毫升，烧烤汁 8 毫升。

 ## 美味创作

1. 将鲜黄花鱼宰杀，洗净，用所有调料腌制黄花鱼 20 分钟。
2. 再放入预热后的电烤箱中烤 5 分钟。
3. 将鱼身翻转，撒上调匀的味料粉继续烤制 5 分钟。
4. 将整条鱼扫上烧烤汁，烤 5 分钟至鱼皮呈金黄色。

小贴士： 黄花鱼含有丰富的微量元素硒，能清除人体代谢产生的自由基，能延缓衰老，并对癌症具辅助防治功效。

烤大肠

烘焙温度：200℃　　时间：8分钟

原料： 冰冻大肠头 1000 克，潮州卤水 1 份，酸梅酱 20 克，糖酱汁适量。

 美味创作

1. 把选好的大肠头用冷水解冻。
2. 将解冻好的大肠头放入烧开的水中以中火煮 20 分钟，取出过凉水使大肠降至常温。
3. 把大肠头放入已经烧开的潮州卤水里以中火烧卤 15 ~ 20 分钟，取出后用叉烧环串好，淋上糖酱汁。
4. 把大肠头放入电烤箱里以 200℃的温度烤 5 分钟，取出淋上糖酱汁后再放入电烤箱中烤 3 分钟，再取出淋上酸梅酱。

> **小贴士：** 注意控制好时间，烤至表皮金黄鲜嫩即可。

烤羊排

 烘焙温度：180℃　　 时间：20 分钟

原料： 羊排 1000 克，鸡蛋糊（稀）、胡椒粉、生抽、料酒、味精、孜然、花椒、盐各适量。

美味创作

1. 将羊排斩块，入沸水中氽一下捞出，洗净血沫。
2. 将羊排放入大碗中，加入生抽、胡椒粉、孜然、花椒、料酒，腌渍 1 小时。
3. 将羊排捞出后稍晾，抹上稀鸡蛋糊，撒上味精、盐，放在烤盘内入电烤箱中烘烤至熟。

> 🧑‍🍳 **小贴士：** 用鸡蛋、面粉调成的糊即鸡蛋糊。

烤鸭心

烘焙温度：180℃　　时间：10 分钟

原料： 鸭心 150 克，姜丝 20 克，黑胡椒粒 50 克，盐 5 克，味精 3 克，料酒 10 毫升，烧烤汁适量。

 美味创作

1. 在鸭心中间起十字刀纹。
2. 将切好的鸭心用姜丝、黑胡椒粒、盐、味精、料酒腌渍入味。
3. 将鸭心串好，放入烤箱烘烤至熟，然后刷上烧烤汁即可。

小贴士： 吃鸭心的时候拌些姜丝，味道会更好。